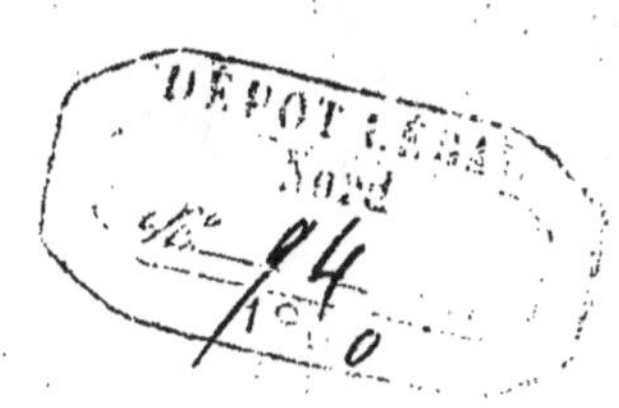

L'EAU OXYGÉNÉE

EN ÉVAPORATION

CONTRE LA COQUELUCHE

SON EFFICACITÉ

Par le Docteur BAROUX

(D'ARMENTIÈRES)

PARIS
A. MALOINE, Éditeur
23-25, rue de l'École-de-Médecine, 23-25
1900

L'EAU OXYGÉNÉE

EN ÉVAPORATION

CONTRE LA COQUELUCHE

SON EFFICACITÉ

Par le Docteur BAROUX

(D'ARMENTIÈRES)

PARIS
A. MALOINE, Editeur
23-25, rue de l'École-de-Médecine, 23-25
1900

I

L'eau oxygénée ou bioxyde d'hydrogène a été découverte par Thénard, en 1818. C'est un liquide incolore, inodore, d'une saveur métallique désagréable. Il peut contenir jusqu'à 475 fois son volume d'hydrogène. Le plus souvent, en thérapeutique et dans l'industrie, on se sert d'un produit, titrant de 10 à 12 volumes d'hydrogène, et pour le rendre plus stable on ajoute 3 à 4 grammes d'acide sulfurique par litre (1).

Ainsi préparé, il ne se décompose pas sensiblement par la chaleur au-dessous de 50 degrès.

En 1882, Paul Bert et Regnard firent connaître la remarquable action d'arrêt sur les fermentations que possède l'eau oxygénée.

Crolas donna quelques indications sur son emploi. Larrivé (2) publia les résultats obtenus dans le service de Péan par Baldy qui y fit de nombreuses expériences.

Dupuy, de Toulouse, a étudié son action sur les plaies. Bonchut a employé l'eau oxygénée comme antiseptique de la bouche dans la diphthérie. Cette idée a été reprise dernièrement par le docteur Riegler (3), professeur à la Faculté de médecine de Jassy. Il s'en sert en pulvérisations directes sur les fausses membranes du pharynx, concur-

---

(1) Troost. — *Traité étémentaire de Chimie*, 12ᵉ édition, page 100.
(2) Thèse de la Faculté de médecine de Paris, 1883.
(3) *Semaine Médicale*, 29 novembre 1899, page 408.

remment avec des insufflations d'acide iodique, mélangé à 10 parties de sucre de lait.

Paul Petit en signala l'action hémostatique dans les hémorrhagies utérines. Il est permis d'attribuer cet effet à sa teneur en acide sulfurique qui, de caustique, devient astringent, quand il est largement étendu d'eau. Puis, le docteur Gellé en détermina l'emploi dans la chirurgie des fosses nasales et de l'oreille.

M. Quenu (1897) en recommanda l'action pour la purification opératoire du rectum.

M. Touchard, dentiste parisien, en fit connaître l'activité merveilleuse dans la suppuration septique alvéolaire, dite maladie de Fauchard (1898).

Enfin, le docteur Just Lucas-Championnière, avec sa véritable intuition des choses de l'antiseptie, vient, dans un remarquable mémoire(1), lu à l'Académie de médecine, le 6 décembre 1898, d'en étudier complètement l'efficacité et d'en déterminer l'emploi aux différents cas chirurgicaux.

L'éminent chirurgien de l'Hôtel-Dieu l'employa dans les situations les plus variées.

En maintenant les pansements phéniqués, il fit de grands lavages pour un vaste sphacèle du membre inférieur en plein état de septicémie, pour un phlegmon de la jambe et de la cuisse et dans deux cas de fracture compliquée en pleine suppuration avec gangrène étendue.

Toujours il eut une rapide atténuation des accidents suppuratifs, suivie d'un arrêt complet, une chute précoce de la température et un retour presque immédiat de l'appétit.

L'emploi de ce liquide n'était pas douloureux.

---

(1) *Journal de Médecine et de Chirurgie pratiques*, numéro du 25 décembre 1898.

Il s'accompagnait d'une légère cuisson et il dégageait une mousse abondante, lorsqu'on l'injectait dans une cavité.

Il offrait l'avantage d'arrêter la suppuration et les phénomènes septiques, qui ne faisaient point de retour offensif si on venait à arrêter son emploi : c'est là une propriété que ne possèdent pas les autres antiseptiques.

Employée dans des opérations en plein milieu septique, l'eau oxygénée rendit aussi de précieux services.

M. Just Lucas-Championnière l'utilisa encore, et avec un plein succès, pour la purification des régions opératoires du vagin, d'une désinfection toujours si difficile. C'est ainsi que dans plusieurs hystérectomies abdominales ou vaginales, le tampon vaginal iodoformé put toujours être retiré après quinze jours et même trois semaines de séjour, sans répandre aucune odeur.

Dans deux suites d'avortement avec fièvre et écoulement fétide, il y eut en quelques jours une notable amélioration. Ici on se contentait de faire, chaque jour, un lavage vaginal avec application du spéculum et on promenait dans l'intérieur de la matrice un petit morceau d'ouate, imprégné du produit en question. Pour les opérations normales en terrain non septique, les résultats furent aussi heureux et il fut prouvé que cette substance peut marcher de pair avec l'eau phéniquée.

Il est une expérience qui prouve magistralement l'action microbicide de l'eau oxygénée : si on mêle en parties égales ce liquide avec du pus abdominal, si atrocement fétide, on obtient une disparition immédiate de l'odeur. En somme, conclut le savant chirurgien, c'est un produit qui a une action antiseptique puissante sur les ferments ; il possède en outre une faculté d'imprégnation des tissus toute particulière. Il les pénètre en quelque sorte.

Il est enfin inoffensif. M. Laborde a prouvé qu'on pouvait l'employer impunément en injections veineuses.

Il est un peu instable, il faut le reconnaître ; c'est pourquoi on se sert de préférence pour sa conservation de petits flacons de 250 grammes. En chirurgie pure il y a lieu d'utiliser l'eau oxygénée à 12 volumes : on la trouve facilement. C'est celle qui s'emploie journellement pour la décoloration en fauve des cheveux.

Quant à son usage dans les maladies de la bouche, le muguet par exemple, on ne peut l'utiliser à cause de sa saveur désagréable que si elle est additionnée de deux parties d'eau au moins.

J'ai tenu à insister un peu longuement dans ce préambule sur l'emploi chirurgical de l'eau oxygénée, que j'ai trouvé si bien décrit dans le mémoire de M. Just Lucas-Championnière. Ce sont là les seules données sur la valeur thérapeutique de ce médicament qui, à part quelques timides essais dans la diphthérie de la bouche et du pharynx, n'a pas encore été usité dans les cas purement médicaux.

Nous trouverons du reste plus loin une grande similitude d'action entre l'efficacité de son emploi sous forme de vapeur contre la coqueluche et les lavages directs et abondants dans les plaies septiques.

II

La coqueluche est caractérisée par une toux quinteuse,
avec reprise sifflante. C'est une maladie infectieuse,
apyrétique d'ordinaire, dont le microbe pathogène (1)
n'est pas encore très connu ; sa fréquence et sa contagion
sont grandes.

Comme dans toutes les villes d'une certaine importance,
la coqueluche est quasi-endémique à Armentières. Parfois
elle y règne aussi à l'état d'épidémie et alors c'est une
véritable épouvante pour les mères de famille.

En quatorze ans, il m'a été donné de suivre quatre
épidémies de ce genre et véritablement elles m'ont paru
plus sérieuses que celles rencontrées de temps à autre
dans les communes ou dans les villes voisines.

Il y a, dans la gravité locale de cette maladie, une
cause signalée par moi récemment, à propos d'une
épidémie de diphthérie dont je fus chargé, à titre de
Membre de la Commission municipale d'hygiène, de
rédiger un rapport détaillé, demandé par l'autorité supérieure. Cette dernière affection fut toujours plus redou-
table ici qu'ailleurs.

Il faut en attribuer le motif à la fraîcheur plus grande
de l'atmosphère et à sa constante humidité provenant du
parcours spécial de la Lys qui forme un méandre sur le
territoire d'Armentières.

---

(1) Combry. — *Traité des maladies de l'enfance*, 1899, 3ᵉ édition
page 92.

Cette rivière large, au lit profond et aux rives peu élevées, décrit, autour de la ville, un circuit de huit kilomètres dont les deux extrémités ne sont séparées que de trois kilomètres et demi. La ville est bâtie vers la base de cette anse et 80 hectares de prairies, continuellement inondées pendant la plus grande partie de l'année, bordent le cours d'eau, surtout vers sa convexité. Ajoutons à cela que ce tracé sinueux de la Lys embrasse l'horizon de l'Ouest à l'extrémité Est, et on comprendra facilement que les vents dominants du pays, qui sont ceux de l'Ouest et du Nord, arrivent dans l'agglomération chargés d'humidité et encore rafraîchis par leur passage sur une vaste surface d'évaporation.

Cet aperçu topographique des environs immédiats d'Armentières peut être facilement complété. Armentières (*Armentarium*, qui veut dire pays de pâturages propres à l'élevage des bestiaux), cité sans passé historique et sans aucune notoriété avant son expansion industrielle dans la fabrication de la toile, a eu le rare privilège de voir son site décrit par trois écrivains de génie.

Jules César, frappé de son éclaircie verdoyante au milieu des sombres forêts et des marécages de la Gaule-Belgique, lui a donné avec son nom (*de Bello-Gallico*) sa première description.

Alexandre Dumas, dans *les Trois Mousquetaires*, fait mourir Milady au milieu de ses prairies et dans le silence d'une nuit d'été, troublé par le grondement de l'orage. Tout cela est conté avec un style émouvant, où la beauté de la fiction n'a d'égal que la parfaite réalité du décor.

Victor Hugo, dans *l'Histoire d'un Crime*, y fait passer une victime de nos discordes civiles, fuyant sa patrie et gagnant nuitamment la frontière belge, toute voisine. Le panorama est vigoureusement et consciencieusement dépeint. L'auteur a cru devoir y ajouter une gravure. Le crayon de l'artiste d'ailleurs n'était pas nécessaire : la plume de l'écrivain suffisait.

Mais terminons cette digression plutôt littéraire que scientifique.

Je signalais tout à l'heure la gravité spéciale et la fréquence du croup dans cet endroit. En 1897, une épidémie de cette maladie ravagea Armentières et en trois mois donna 40 cas. Les deux tiers furent constatés dans le voisinage immédiat de la rivière, à moins de 150 mètres, à l'endroit où l'air de la ville est le plus chargé de fraîcheur et d'humidité.

C'est, selon moi, la même cause qui donne ici à la coqueluche tant d'acuité et d'extension.

Cette conception a encore une nouvelle preuve dans la fréquence et la gravité, avec lesquelles cette maladie se manifeste à Dunkerque.

Cette ville est entourée de l'Ouest au Nord par la mer ; elle est bordée de l'Ouest à l'Est par de vastes canaux. L'atmosphère y est toujours fraîche et humide et avec Armentières, Dunkerque a, dans la région du Nord, le triste privilège d'être un endroit propice à la coqueluche. En 1898, pour une cité de 40.000 habitants, le docteur Reumaux (1) compta pour la coqueluche 22 morts d'enfants et un nombre colossal de cas.

En mars-avril 1899, après un hiver peu rigoureux mais très humide, cette maladie commença à sévir épidémiquement à Armentières, pour avoir son complet épanouissement durant les mois de mai et de juin ; cette épidémie

---

(1) Rapport sur les travaux du Conseil central de salubrité et des conseils d'arrondissements du département du Nord, 1898, n° LVII, page 253.

du reste, n'est pas encore terminée maintenant, fin janvier 1900.

Elle détermina, pour l'année 1899 seulement, 24 décès sur une population de 30.000 habitants ; je comprends dans ce chiffre les cas de deux enfants de la ville qui, après y avoir pris le germe spécifique, allèrent mourir au dehors, vers le déclin de leur maladie.

Elle n'épargna pas les personnes âgées, et j'eus, au nombre de mes clients frappés de ce mal, une malade de 74 ans, une autre de 63 ans et trois adultes. Les deux premières étaient des aïeules, contaminées par leurs petits enfants. Les complications pulmonaires furent relativement rares.

La thérapeutique de cette maladie, en dehors de celle qu'imposent ses complications, m'a paru longtemps bien décevante, et l'idée, que son remède spécifique (1) est encore à trouver, était tout récemment encore mon impression personnelle.

Rien jusqu'à ces derniers temps, ne m'a paru diminuer sa durée. Le bromoforme (Marfan), dont l'emploi est dangereux, le bromure et la belladone n'ont qu'une action modératrice, nullement curative. Volontiers je me sers d'un mélange de teinture d'aconit de belladone et de drosera dans la proportion de 4, 3 et 2 ; je donne cette mixture à la dose de 90 gouttes par jour pour un adulte, avec échelle descendante. suivant l'âge. On a ainsi une diminution des quintes et une atténuation des vomissements alimentaires quand ils existent ; c'est déjà quelque chose, il est vrai.

De tous les antiseptiques employés en inhalations ou

---

(1) Combry, *loc. cit.*, page 103.

pulvérisations, l'eau phéniquée (Ortille, Scheiding, etc. (1), répandue sur les rideaux des berceaux, me donna plusieurs fois une abréviation notable de la durée de cette maladie. L'acide phénique, malheureusement, est l'ennemi des enfants, même vaporisé à froid. Il fut dans cinq cas fort mal supporté et il m'occasionna deux débuts d'empoisonnement. Par prudence, il fallut y renoncer.

Ce qui me frappa le plus dans l'étude sur l'eau oxygénée par M. Just Lucas-Championnière, que j'ai analysée au début de ce travail, c'est l'analogie d'action entre ce produit, qui, lui, n'est pas toxique, et l'eau phéniquée. On trouve dans les deux liquides une faculté spéciale d'imprégnation et de pénétration des tissus avec une action microbicide supérieure pour le bioxyde d'hydrogène. Cette lecture, faite en pleine épidémie de coqueluche, et mes souvenirs sur l'action bienfaisante mais dangereuse de l'eau phéniquée contre cette maladie, m'engagèrent à l'essayer.

L'eau oxygénée n'est pas toxique, mais elle est un peu irritante : En pansement permanent sur une main, elle occasionne bien facilement une dermite irritative, analogue à ce qu'on appelle la gâle des épiciers.

Il n'était donc pas prudent de l'employer directement, en pulvérisations abondantes, dirigées vers les voies respiratoires. Comme de plus elle possède une saveur désagréable, je prévoyais que les enfants, toujours indociles, ne se prêteraient pas facilement à cette mise en pratique. Il ne fallait pas songer davantage aux vapeurs obtenues par ébullition, car, nous le savons, ce liquide se décompose sérieusement à la chaleur, à partir de 50 degrés en eau et

---

(1) *Traité de Thérapeutique infantile médico-chirurgicale* de MM. Le Gendre et Broca, 1894, p. 230.

oxygène pur, Le procédé par évaporation me parut ainsi le plus pratique dans l'espèce.

Il était permis de se demander si les vapeurs à froid n'étaient pas, elles aussi, de nature à irriter les voies respiratoires.

Pour m'en convaincre, un soir, en me couchant, je versai sur plusieurs linges suspendus à travers ma chambre, cubant 53 mètres sans meubles, 240 grammes d'eau oxygénée à 12 volumes. Le lendemain, à mon lever, tout le liquide était évaporé et je n'éprouvai aucun malaise après 7 heures de séjour dans ce milieu. Mais ce jour-là, mon appétit me parut commé surexcité. Je ne ressentis aucune gêne, pas plus du côté du larynx que de celui des conjonctives et des fosses nasales.

Ce produit, ainsi employé, n'était certainement pas plus irritant qu'il n'est toxique. Il y avait lieu de se demander si ce composé, si facilement destructible, ne subissait pas en passant à l'état de vapeur, même à froid, une réduction notable et peut-être bien totale. Dans ce cas, c'était aller à un échec certain.

Le germe de la coqueluche, nous l'avons vu, n'est pas bien connu; il n'était donc pas possible de le traiter *in vitro* par de l'eau oxygénée, vaporisée a froid. L'action de ce produit étant, d'après toutes les études faites, aussi antifermentescible qu'antiseptique, on pouvait tenter une expérience d'arrêt ou de retard sur une fermentation.

Mon choix se porta sur la plus vulgaire; la fermentation alcoolique.

Je coupais, en deux parties absolument égales, une éponge bien poreuse; j'introduisais ensuite chaque fragment dans deux bouteilles bien échaudées et absolument semblables. Le rôle de l'éponge était d'augmenter les points de contact entre l'atmosphère ambiante et la liqueur à fermenter. Avec un entonnoir je versais ensuite de chaque côté un mélange de 210 grammes d'eau, 30 grammes de glucose et de 15 grammes de levure de bière. Au milieu de l'une de ces bouteilles, portant une étiquette n⁰ 1, je descendais un morceau de coton hydrophile arrosé de 10 grammes d'eau oxygénée à 12 volumes et traversé par une anse de fil de soie, dont les deux bouts étaient maintenus par un bouchon, enfoncé jusqu'à une certaine marque. Un autre tout-à-fait pareil était introduit jusqu'au même point dans le goulot de l'autre bouteille, numérotée du chiffre 2. Ici on avait mis un morceau de coton hydrophile du même poids, suspendu dans les mêmes conditions mais il n'était imprégné que de 10 grammes d'eau distillée. Les deux récipients furent placés côte à côte dans un endroit bien frais. Le bouchon n⁰ 2 sauta au bout de 23 jours ; le n⁰ 1 n'était pas encore expulsé de son goulot deux mois après.

Dans la deuxième bouteille le dégagement d'acide carbonique avait été plus rapide et partant la fermentation plus active aussi. L'eau oxygénée, vaporisée à froid, avait seule pu entraver et retarder les phénomènes de fermentation dans la première bouteille. Il était prouvé aussi que l'eau oxygénée devait conserver, à l'état de vapeur à froid, ses propriétés antiseptiques.

Primo non nocere, avant tout ne pas nuire, c'est là la pierre angulaire de toute bonne et honnête thérapeutique. Je savais, par mon expérience personnelle, que 240 grammes d'eau oxygénée passés à l'état de vapeur en sept heures de temps dans une chambre de cinquante-trois mètres cubes, ne m'avaient pas été nuisibles. Ce qui est vrai pour un individu en bonne santé peut cesser de l'être avec un malade. Les coquelucheux réagissent aux moindres irritations extérieures, de même qu'aux plus petites émotions qui amènent chez eux l'éclosion de quintes supplémentaires.

Des enfants étaient peut-être aussi plus sensibles que moi-même aux vapeurs de ce médicament.

Toutes ces considérations me firent attendre, pour débuter mes expériences, une coqueluche d'adulte et elles me décidèrent à n'employer pour commercer qu'une eau oxygénée à 12 volumes, mélangée d'autant d'eau ordinaire et dans la proportion de 75 grammes environ toutes les six heures.

Pensant activer la dispersion du médicament dans l'air ambiant, il me vint d'abord à l'idée de lancer le liquide au moyen de forts pulvérisateurs en usage dans les salons de coiffure sur de grands linges suspendus à travers les appartements.

Je m'aperçus plus tard que, dans cette méthode, j'étais le jouet d'une illusion, puisque sur le linge pesé après la petite opération je retrouvais, à un gramme près, le poids perdu par l'instrument. Je voyais là une dépense aussi onéreuse qu'inutile et je finissais par mouiller mes torchons avec une petite mesure en étain semblable à celles usitées chez les débitants de boissons.

Les treize observations que je publie ci-dessous sont la mise en pratique de cette nouvelle méthode de traitement de la coqueluche.

III

Observation I

Il s'agit ici d'un homme âgée de 29 ans, M. F…, très
sanguin et jouissant depuis toujours d'une excellente
santé. Jusqu'alors indemne de la coqueluche, il vint me
consulter, le 26 juin 1899, pour un fort rhume qui fut
attribué par moi à un refroidissement, après un travail
un peu pénible. Il toussait depuis quatre jours. Le début
précis du mal part donc du 22 juin. La première période
se prolongea insidieuse et non soupçonnée jusqu'au
11 juillet, où éclata la première quinte.

Ce Monsieur, qui exerce la profession d'inspecteur des
travaux municipaux, avait travaillé, quatre semaines
auparavant, pendant quelques jours dans une salle d'asile
de la localité, qui avait été totalement ravagée par l'épidémie régnante. Ce fut probablement alors et dans ce
lieu que le germe du mal pénétra dans son organisme.
Dès que la maladie fut franchement énoncée, chaque jour
jusqu'au 3 août il prit en six doses 60 gouttes du mélange
suivant :

Teinture de drosera........... 2 grammes
Teinture de belladone........ 3   »
Teinture d'aconit............. 4   »

On compta les quintes et le traitement en cause fut
commencé, le lundi 22 juillet, à 6 heures du soir. Il se fit
au moyen du pulvérisateur décrit ci-dessus, lançant en

deux minutes 75 grammes d'un mélange à parties égales d'eau oxygénée à 12 volumes et d'eau de pompe sur une grande loque en toile, suspendue au milieu de l'appartement.

La nuit, le malade reposait dans sa chambre cubant net 23 mètres ; le jour il se tenait dans un petit salon bien éclairé par deux fenêtres, ayant une contenance de 38 mètres cubes sans les meubles.

La petite opération était répétée quatre fois par jour.

On aérait le petit salon une fois dans la journée, pendant les trente minutes précédant la deuxième vaporisation diurne. La nuit on séjournait 12 heures dans le même air, imprégné pour la deuxième fois des vapeurs médicamenteuses après six heures de séjour.

Cette nouvelle médication n'occasionna aucun trouble spécial, pas même le moindre éternuement, et elle donna le résultat ci-dessous :

     17 Juillet 1899............... 16 quintes.
     18   —   — 22   —

C'est aujourd'hui au soir, qu'on inaugura la nouvelle méthode.

     19 Juillet 1899............... 14 quintes.
     20   —   — 12   —
     21   —   — 10   —

A partir de cette date, M. F... ne fit plus le coq en toussant. La troisième période de sa coqueluche commençait.

     22 Juillet 1899....... 9 quintes atténuées.
     23   —   — 8   —   —
     24   —   — .... 10 —   —
     25   —   — 9   —   minimes.
     26   —   — .... 12 —   —

Le temps fut ce jour-là très orageux. Le malade se sentit très énervé, et ses expectorations, devenues depuis quelques jours franchement catarrhales, lui occasionnèrent quelques crises de véritable étranglement.

Il me fallut, pour le dégager, lui prescrire un gramme et demi d'ipéca en trois doses et une forte potion expectorante. Cette aggravation ne fut que passagère et elle n'eut pas de lendemain.

27 Juillet 1899.......	9 quintes minimes.	
28 — , —	8 —	—
29 — —	7 —	—
30 — —	5 —	insignifiantes.
31 — —	4 —	—
1er Août —	4 —	—
2 — —	5 , —	—
3 — —	4 —	—

Finalement, la maladie se termina en queue de poisson, le 7 août 1899, jour où M. F... reprit ses fonctions.

Ce qui frappe dans cette observation, c'est la longueur et la gravité relative de la dernière période, à côté de l'abréviation totale de la seconde.

Le catarrhe de régression est d'ordinaire plus sérieux et plus long chez l'adulte que chez l'enfant. Ce fait est signalé par le professeur Deulafoy (1). L'âge seul du malade était donc la cause du ralentissement final de sa cure.

Il n'y eut pour ainsi dire pas de convalescence, l'embonpoint et la belle allure revinrent rapidement.

---

(1) Dieulafoy. — *Manuel de Pathologie Interne*, II° édition, 1898, tome I, page 174.

OBSERVATION II

Le jeune A. S..., âgè de 14 mois, était absolument isolé depuis dix jours dans une grande et spacieuse demeure, par ses parents qui craignaient pour lui la coqueluche, sévissant alors à Armentières comme un véritable fléau. Il commença néanmoins à tousser le 4 juillet 1899; le 9 juillet 1899, la maladie entrait déjà dans sa période d'état et la coqueluche criait son diagnostic.

La durée d'incubation étant de 6 à 7 jours, c'était à se demander par où le germe avait pénétré. Il faisait alors très chaud et on ouvrait les fenêtres des étages chaque jour pendant plusieurs heures. Dans une maison située en face, de l'autre côté de la rue, à 13 mètres de distance, on en faisait autant.

Là, malheureusement, depuis trois semaines la coqueluche secouait éperdùment quatre enfants et deux servantes. De ce foyer intense et condensé, la coqueluche avait rayonné et elle avait ainsi contaminé ce jeune enfant sans contact immédiat, prouvant une fois de plus la réalité de sa contagion par voisinage.

La période catarrhale ou de début, traitée par deux vomitifs, s'accompagna d'un très léger mouvement fébrile et elle dura exactement cinq jours.

Dès le commencement de la période spasmodique, on administra chaque jour en six doses onze gouttes de la teinture composée, dont j'ai donné la formule dans la précédente observation.

Malgré cela la maladie prenait des proportions inquiétantes : On comptait jusqu'à 45 quintes en 24 heures. L'enfant eut en quatre jours deux convulsions généralisées et une syncope.

Cette dernière s'était produite au début d'une quinte, comme dans un cas cité par M. Baumel (1). Quant aux convulsions elles étaient venues après les quintes.

Le petit patient, heureusement, avait conservé un appétit relativement bon et il ne vomissait que ses mucosités pathologiques.

En face de pareils accidents, il fallut recourir au bromoforme, en dépit du réel danger que présente l'emploi de ce médicament.

On fit absorber de six heures en six heures une cuillerée à café du mélange suivant :

Bromoforme..................	5 gouttes
Gomme arabique	q. s.
Sirop de fleurs d'oranger.......	10 gram.
Eau........................	10 gram.

Agiter.

Encore comme antispasmodique et de plus à titre de tonique, on avait ajouté par 24 heures à 12 heures d'intervalle.

Valérianate de quinine	0.10	centigrammes.
Sirop de limon.......	10	grammes.
F. s. a.		

On fit aussi dégager dans l'appartement de la vapeur d'eau chargée de créoline et d'essence d'eucalyptus à petite dose ; bien vite il fallut y renoncer, car l'entourage s'en trouvait très incommodé.

Cette médication abaissa le nombre des quintes à 32 environ, pendant les quelques jours qui précédèrent l'emploi de notre nouveau traitement. Il se produisit alors une ulcération sublinguale très prononcée. Celui-ci

---

(1) *Revue des Maladies de l'enfance*, 1891, p. 7.

fut commencé le 23 juillet 1899. Chaque jour d'abord on pratiqua sur des linges quatre pulvérisations de 2 minutes, donnant un débit de 75 grammes environ de liquide tout en continuant le bromoforme et le valérianate de quinine.

On se servait d'eau oxygénée coupée d'une partie d'eau ordinaire et l'enfant séjournait alternativement pendant 6 heures dans deux places cubant l'une 72 mètres et l'autre 69 mètres. En son absence on aérait largement.

On obtint les résultats suivants :

    23 juillet 1899 .... 30 quintes.
    24   —   — 25   —
    25   —   — 30   —

Sur la fin de cette journée le temps devint très orageux et la chaleur fut étouffante ; ce qui énerva et chagrina beaucoup notre jeune malade.

    26 juillet 1899 .... 22 quintes.
    27   —   — 16   —
    28   —   — 22   —

Aujourd'hui définitivement à partir de midi on cesse le valérianate de quinine et on ne donne plus que deux doses de bromoforme.

    29 juillet 1899 .... 30 quintes.

Ce jour-là à partir de midi, où le petit garçon avait déjà eu 17 quintes, on revient aux quatre doses de bromoforme et on fait durer les pulvérisations un peu plus de deux minutes.

    30 juillet 1899 .... 19 quintes.
    31   —   — 15   —

Les quintes sont devenues très tolérables.

    1er Août 1899 .... 14 quintes.
    2   —   — 15   —

Les pulvérisations se font pendant 2 minutes et demie.

3 Août 1899.................. 18 quintes.
4 — — .... 16 —
5 — — .... 8 —
6 — — .... 8 —

A partir de maintenant, on ne fait prendre au petit malade que deux doses de bromoforme en 24 heures.

7 Août 1899............. 7 quintes.
8 — - .... 8 —
9 — — .... 12 accès de toux.

La maladie est entrée franchement dans sa période de déclin et la toux a perdu son caractère spasmodique. Une dose de bromoforme est seule maintenue.

10 Août 1899, l'enfant tousse...... 9 fois.
11 — — — — ...... 11 —
12 — — — — ...... 9 —
13 — — — — ...... 8 —
14 — — — — ...... 5 —
15 — — — — ...... 4 —

La maladie peut être considérée aujourd'hui comme terminée et on arrête net les pulvérisations. Il n'y a pas pour cela de retour offensif de la toux

L'état général de cet enfant était beaucoup amélioré depuis dix jours. Une quinzaine de jours de grand air à la campagne le remirent complètement d'aplomb.

Cette coqueluche vraiment épouvantable eut en tout une durée de six semaines à peine. C'était un cas de nature à se prolonger un trimestre entier.

Le cours des quintes, un peu mouvementé, demande à être médité pour être bien compris.

Au début, en cinq jours, nous tombons de 30 à 16 quintes, c'est là une action rapide : Nous supprimons alors valérianate de quinine, en diminuant de moitié la dose de bromoforme et nous voilà de nouveau à 30 quintes par jour.

Il y a là la preuve de l'action modératrice de ces deux antispasmodiques et en même temps celle de l'efficacité de l'eau oxygénée, capable à elle seule de maintenir à 30 quintes par jour une coqueluche qui, avant l'emploi de ces deux auxiliaires, dépassait 45 quintes en 24 heures.

On revient au bromoforme seul, en augmentant un peu la quantité d'eau oxygénée, et le 1er août nous sommes descendus à 14 quintes, diminuées aussi comme intensité.

Le 9 août, la quantité de bromoforme est réduite au quart. La toux n'est plus spasmodique, mais à cause de cette diminution, elle est un peu plus fréquente. L'enfant tousse 12 fois contre 8 quintes le 5 août et il lui faudra le 13 août pour revoir ce chiffre.

Cette poussée-là est expliquée comme la précédente et elle n'infirme en rien, pour le traitement de la coqueluche, l'action curative et franchement progressive des vapeurs à froid de l'eau oxygénée.

Observation III

Le jeune R..., âgé de 3 ans et trois mois, d'ordinaire bien portant, se mit à tousser, le 7 juillet 1899. La coqueluche s'annonça franchement six à sept jours après. Il y eut chez lui un peu de fièvre au début. On lui fit prendre quelques vomitifs et, comme traitement, on se contenta des bonnes conditions hygiéniques, où il vivait d'habitude.

Le 30 juillet, on me fit venir parce que, depuis quelques

jours, ce jeune enfant vomissait pour ainsi dire après chaque quinte ; ce qui l'affaiblissait beaucoup. De fait, quand je le vis, il avait mauvaise mine : le visage était bouffi et très pâle ; la température se trouvait normale.

Le 31 juillet, on comptait 24 quintes pour la journée : presque toutes étaient suivies de régurgitations alimentaires.

Le traitement fut commencé le lendemain, à la première heure. Il se pratiqua pendant les 12 heures de nuit dans une chambre de 75 mètres cubes, bien éclairée ; le jour dans un bel et grand appartement mesurant un volume de 80 mètres, avec deux aérations diurnes de 30 minutes. L'enfant pendant ce temps là faisait une promenade au dehors.

On employa l'eau oyxgénée à 12 volumes, mélangée d'une partie d'eau de pompe.

On se servit du pulvérisateur habituel, débitant 4 fois par jour 75 grammes du mélange sur une grande loque suspendue à une corde traversant l'appartement.

Le résultat de la méthode ne tarda pas à se manifester.

1er août 1899 (1er jour du traitement) 19 quintes.
2 — — .... 16 —
3 — — .... 10 —

Les crises de toux sont atténuées.

4 août 1899.................... 8 quintes.

A partir d'aujourd'hui l'enfant ne vomit plus.

5 août 1899 .... 6 quintes.

La période de régression commence, le coup de sifflet inspiratoire fait défaut. Les parents étaient très satisfaits de la position de leur enfant. D'eux-mêmes ils arrêtèrent le traitement, le regardant comme désormais inutile. Ils se contentèrent de promener le petit dans un grand jardin. Malgré cela la toux continua d'elle-même à s'amender de plus en plus. Le 8 août il ne toussait plus que trois petits coups. Le lendemain il partait à 60 kilomètres de là, pour passer un mois en pleine campagne.

Comme toujours, à la période ultime de cette maladie, le changement d'air fit merveille, puisque 48 heures plus tard l'enfant était radicalement guéri.

Cette observation est des plus concluantes.

Elle présente aussi quelques points spéciaux à bien considérer.

Une solution pauvre fut employée.

Le sujet séjournait dans deux grandes salles tenues très proprement et baignées de lumière par deux larges et hautes fenêtres.

Le traitement fut arrêté hâtivement et son action curative ne rétrocéda pas.

Ici, ainsi que dans certains duels, le terrain gagné reste acquis.

OBSERVATION IV

Le cas actuel est celui d'un jeune enfant de 3 ans et 3 mois, le petit Jules Br..., habitant la Chapelle d'Armentières. C'est un excellent sujet, bien conformé et n'ayant pas d'histoire pathologique.

Il toussait légèrement depuis huit jours, quand on me fit appeler, le 22 juillet 1899. Le lendemain la coqueluche était confirmée par une première quinte révélatrice.

Vingt-quatre heures après, j'ordonnais alors à ce malade 18 gouttes de la teinture habituelle dans six cuillerées d'eau sucrée, une cuillerée toutes les quatre heures, et 0,80 centigrammes de bromure d'ammonium en quatre doses, espacées de six en six heures.

Cette médication interne fut continuée jusqu'au 16 du mois suivant.

Les quintes se firent de plus en plus fréquentes et le 1er août 1899, la veille du jour où fut commencé le traitement par les vapeurs d'eau oxygénée, elles étaient de 14 en 24 heures. Malgré tout, c'était, en somme, une coqueluche de petite envergure.

Le malade séjourna de 8 heures du matin à 8 heures du soir dans une chambre de 32 mètres cubes, meubles déduits, avec une aération complète d'une demi-heure entre une heure et demie de l'après-midi et deux heures, et autre suspension de traitement d'une demi-heure entre sept heures et demie et huit heures du soir. La nuit, il fut placé dans la même chambre que ses parents. Cette dernière était absolument semblable à la précédente.

On mouilla, chaque fois, un grand torchon suspendu en travers de l'appartement sur une longue corde, le traversant, au moyen du pulvérisateur, déjà décrit, débitant 75 grammes en deux minutes de fonctionnement.

L'enfant était placé aussi près que possible du jet, sans en être mouillé cependant. Ici encore l'eau oxygénée à 12 volumes était coupée d'une partie d'eau ordinaire. Le linge était le plus souvent complètement sec au bout de quatre heures, la température alors étant assez élevée.

Voici quels furent les résultats obtenus :

1er Août 1899, veille du traitement	14 quintes
2 — —	12 —
3 — —	12 —

Les quintes sont plutôt moins fortes.

4 Août	11 quintes
5 —	8 —
6 —	7 —

Les quintes sont beaucoup moins pénibles.

7 Août	7 quintes
8 —	5 —
9 —	5 —
10 — l'enfant tousse...........	4 fois
11 — — —	4 —
12 — — —	3 —

Le 16 Août 1899, l'enfant ne tousse plus du tout et il ne paraît nullement affaibli par sa maladie.

OBSERVATION V

Le dimanche 23 Juillet 1899, à cinq heures du soir, j'étais appelé en toute hâte auprès du jeune Léon De..., âgé de six mois, demeurant dans une ferme spacieuse à la Chapelle-d'Armentières. Cet enfant, extrêmement robuste, nourri au sein, et jusque-là toujours bien portant, venait d'être pris subitement d'un violent accès fébrile. Sa température était de 40° : Il toussait un peu et l'auscultation indiquait un léger catarrhe trachéo-bronchique, peu en rapport avec son acuité fébrile.

Malgré le complet isolement où il vivait, loin de toute agglomération ouvrière, et bien qu'il n'eût été, m'affirmait-on, en contact avec aucun enfant atteint de la coqueluche, je songeais de suite à cette maladie, alors très répandue dans la région.

Je lui fis la prescription suivante :

Teinture d'aconit	4 gouttes
Antipyrine	0,20 centigr.
Benzoate de soude...........	0,40 centigr.
Eau de laurier-cerise	1 gramme
Looch blanc du Codex	40 grammes

F. s. a.

A prendre en 24 heures, par cuillerées à café.

Le lendemain matin, la température était tombée à 38°4.

Le surlendemain, la fièvre avait complètement disparu : La toux et les phénomènes d'inflammation de la partie supérieure des voies aériennes persistaient toujours, un peu moins intenses cependant que les premiers jours. La potion renouvelée deux fois, produisait sans doute son action sédative.

Le 27 juillet, la toux devint plus nerveuse.

Le 29 juillet, on entendit la première quinte permettant d'affirmer la nature réelle du mal. Dès lors, chaque jour, jusqu'au 12 août suivant, je prescrivis 9 gouttes de la teinture mixte de drosera, de belladone et d'aconit dans six cuillerées à café d'eau sucrée, une cuillerée à café toutes les quatre heures.

Les parents me promirent de compter les quintes.

Elles furent au nombre de 24, le mercredi 2 août 1899.

Le lendemain, on commença le traitement qui, dans le cas présent, fut réduit à sa plus simple expression.

L'eau oxygénée à 12 volumes, en litres, fut mélangée d'une moitié d'eau ordinaire. Toutes les six heures, on plaçait un large torchon au fond d'un saladier et on l'arrosait avec 75 grammes du mélange. On le suspendait ensuite sur une ficelle, au milieu de l'appartement dont les portes et les fenêtres étaient soigneusement closes. D'ordinaire, à cause du temps chaud régnant en ce moment, le linge étant sec au bout de trois heures trois quarts. Pendant le jour, après cinq heures et demie de séjour, on aérait largement l'appartement durant trente minutes et on promenait l'enfant dehors durant ce temps-là. La nuit, on séjournait consécutivement pendant douze heures dans une autre chambre parfaitement fermée. La chambre à coucher cubait 51 mètres et demie et la salle à manger un peu plus de 54 mètres. après avoir déduit le volume occupé par le mobilier. Les places étaient bien éclairées des deux côtés de leur largeur par une fenêtre spacieuse.

L'enfant et sa garde-malade supportèrent le traitement sans aucun malaise.

Ce dernier donna les résultats suivants :

2 août 1899 (veille du traitem.) 24 quintes.
3 — — .... 19 —
4 — — .... 16 —
5 — — .... 14 —
6 — — .... 12 —
7 — — .... 11 —
8 — — .... 9 —
9 — — .... 9 —
10 — — .... 5 —
11 — — .... 4 —
12 — — .... 2 —

A partir du jeudi 10 août, l'enfant ne fît plus le coq. La toux alors était encore quinteuse mais plus grasse ; c'était la troisième période qui commençait.

Le 14 août le petit malade était complètement guéri ; il avait repris, pour ainsi dire sans convalescence, sa bonne mine et toute sa gaieté.

OBSERVATION VI

Quand je fus appelé, le 7 août 1899, auprès de la petite Fernande B..., robuste fillette de 20 mois, sans antécédents pathologiques, c'était pour une vulgaire diarrhée.

Incidemment, on me fit remarquer qu'elle toussait un peu depuis quelques jours. La coqueluche guettait sa proie et elle se déclara franchement le 11 août. Le flux intestinal était alors complètement arrêté avec les moyens habituellement usités, mais l'enfant était débile et certainement elle était en train de commencer sa seconde maladie dans de bien mauvaises conditions.

Celle-ci se manifesta de suite avec une grande violence.

Dès ce jour-là jusqu'au 23 août, on lui administra par 24 heures XIII gouttes en six doses de la teinture composée, dont il a été souvent question.

Malgré cette précaution, la petite n'avait pas moins de 45 quintes dans la journée du 15 août qui précéda la médication par l'eau oxygénée.

Ici, pour la première fois, on fit usage d'une solution pure à 12 volumes, vaporisée quatre fois en 24 heures pendant deux minutes sur une grande loque de toile.

Le père de famille tint à manœuvrer lui-même l'instrument et, comme c'est un maréchal-ferrant, extrêmement robuste, il y alla de si bon cœur, se croyant probablement sur l'enclume, qu'il dépassa chaque fois sensiblement pendant les deux minutes de manœuvre les 75 grammes de débit habituel. D'après mes calculs il lança environ à chacune des pulvérisations 90 grammes de liquide.

Les aérations se firent comme d'habitude pendant une demi-heure au milieu de la journée et le soir.

La nuit, l'enfant restait tout le temps avec sa mère dans

une chambre de 30 mètres cubes, ventilée ensuite pendant toute la journée.

Les 12 heures de jour, elle séjournait dans un vaste salon, cubant 74 mètres et éclairé de trois larges et hautes fenêtres, donnant sur une rue spacieuse.

Les résultats, ici, furent rapides et extrêmement satisfaisants ; les voici :

```
15 Août 1899 (veille du traitem.)  45 quintes
16   —      —    ...................  40   —
17   —      —    ...................  36   —
18   —      —    ...................  28   —
19   —      —    ...................  10   —
20   —      —    ...................   8   —
21   —      —    ...................   5   —
22   —      —    ...................   3   —
```

Le 24 août 1899, la maladie était terminée, sans 3° période, car jusqu'à la fin la petite eut son sifflement inspiratoire.

La convalescence n'exista pour ainsi dire pas ; le rétablissement total se fit presque du jour au lendemain.

C'était certainement une coqueluche de trois mois de durée, arrêtée au commencement de sa deuxième phase et totalement terminée en 20 jours, avec huit jours de traitement par les émanations de bioxyde d'hydrogène.

Observation VII

Le jeune Jules L..., âgé de 2 ans et demi, toussait un peu depuis quatre jours, quand sa mère, justement effrayée de l'épidémie de coqueluche qui sévissait dans son voisinage, me fit appeler, le 24 août 1899.

L'enfant, un peu chétif et encore bien anémié, était

débarrassé depuis six semaines seulement de fièvres intermittentes, très tenaces, qui l'avaient tenu à la chambre pendant cinq semaines.

Il habite, du reste, à Armentières, à proximité d'un de ces anciens fossés, transformés en égoûts urbains et déversant dans la Lys les eaux des vastes marais de Wavrin, situés à 15 kilomètres de là.

Aussitôt il lui fut prescrit XIII gouttes par jour en 6 doses de la teinture composée, habituellement usitée. Le médicament fut continué jusqu'au 23 septembre.

Le 26 août, la coqueluche avait crié son diagnostic.

On commençait de suite à compter les quintes.

Le 28 août, jour qui précède le commencement du traitement, elles étaient de 32 en 24 heures.

Celui-ci se pratiqua la nuit, dans une chambre de 31 mètres cubes, le jour, dans une salle à manger de 30 mètres seulement. Les pulvérisations se firent deux minutes, quatre fois par jour, sur le linge habituel. Le séjour fut permanent durant les 12 heures de nuit. Le jour, il y eut une ventilation de 30 minutes avant la deuxième pulvérisation, et le soir il en fut de même.

Les résultats obtenus furent les suivants :

28 août 1899, veille du traitement	32 quintes
29 — —	27 —
30 — —	28 —
31 — —	19 —
1er septemb. 1899, temps orageux	21 —
2 — — id. ...	23 —
3 — —	19 —
4 — —	15 —
5 — —	16 —
6 — —	15 —
7 — —	12 —

<pre>
8 septembre 1899, ... 10 quintes
9   —   —   10   —
10   —   —   11   —
11   —   —   10   — ·
12   —   —   11   —
13   —   —   11   —
14   —   —   11   —
</pre>

A partir d'aujourd'hui, les quintes se modifient, l'enfant ne fait plus le coq. On ne lui donne plus qu'une pulvérisation, le soir avant de le coucher.

<pre>
15 septembre 1899............. 11 quintes atténuées
16   —   —   9   —   —
17   —   —   11   ·   —
18   —   —   11   —   —
</pre>

Le 23 septembre, le petit garçon ne toussait plus : bien qu'affaibli presque consécutivement par deux maladies débilitantes à l'excès, la malaria d'abord, puis la coqueluche il eut une convalescence assez rapide. Un peu de quinquina suffit pour le remettre d'aplomb et un séjour à la campagne ne fut pas nécessaire.

Cette observation ne donne pas certainement des résultats aussi concluants que certaines autres. C'est cependant une forte coqueluche d'une durée ordinaire de dix semaines, guérie en 33 jours. La précédente est bien meilleure ; d'autant plus que dans les deux cas, on fit usage d'eau oxygénée à 12 volumes sans mélange d'eau.

Ici, une fois encore, l'exception est faite pour confirmer la règle. C'est que je m'étais servi, par raison économique d'une eau oxygénée industrielle, comme on en trouve dans toutes les teinturies de la région et ne provenant pas de la même origine.

Tout indiquait chez elle une force moins grande que dans l'autre. Elle ne moussait pas à la chaleur de la main et elle ménagea d'une façon suspecte les torchons qui servaient à son évaporisation.

C'était de toute évidence un produit inférieur et très éventé. Il faut tenir compte aussi qu'on travaillait dans deux appartements assez restreints. En somme, malgré sa courbe un peu flottante, cette cure a tout de même l'allure spéciale des autres.

OBSERVATIONS VIII ET IX

Ces observations concernent deux jeunes enfants, frère et sœur, Henri God..., âgé de 16 mois et Valentine God..., âgée d'un mois et demi et nourrie au sein.

Ces enfants sont bien constitués ; ils ont des antécédents héréditaires très favorables : le garçon a été atteint il y a dix mois, d'une légère bronchite d'une durée de 10 jours.

C'est par ce dernier que la coqueluche entra dans la maison, il y a deux mois. La petite fille ne fut prise que quatre semaines plus tard.

Henri vomissait beaucoup et il avait considérablement maigri ; chez la petite fille, les vomissements étaient moins fréquents.

Trois jours avant les pulvérisations, je prescrivis à celle-ci seulement 8 gouttes par jour, en six doses, du mélange des trois teintures ordinaires.

Cette préparation, sans diminuer le nombre des quintes, en ralentit un peu l'intensité et eut une action réelle sur les vomissements.

Son frère ne prit aucun médicament.

Ces enfants furent mis ensemble, alternativement,

pendant douze heures, dans deux chambres cubant, l'une comme l'autre, 22 mètres, meubles déduits.

L'eau oxygénée à 12 volumes, fournie dans des litres, fut lancée par un fort pulvérisateur, pendant deux minutes toutes les six heures, sur un grand torchon, suspendu à une corde traversant l'appartement, perdant durant ce temps environ 75 grammes de son contenu. Durant le jour, au bout de cinq heures et demie de séjour, on évacuait la chambre pendant une demi-heure pour l'aérer complètement. La nuit, pour moins de dérangement, on pulvérisait à nouveau sans prendre cette précaution. Les parents couchaient même dans la chambre occupée par leurs enfants.

Les résultats du traitement furent les suivants :

	HENRI 16 mois	VALENTINE 1 mois 1/2
5 Nov. 1899, veille du traitement.	19 quintes	16 quintes
6 — —	10 —	8 —
7 — —	5 —	5 —
8 — —	3 —	3 —
9 — —	2 —	1 —
10 — —	2 —	0 —
11 — —	2 —	0 —

A partir du 9 Novembre, le garçon n'eut plus aucun vomissement, et, à partir du 12 Novembre, il ne toussa plus qu'un peu nerveusement en se mettant en colère. Cet enfant, fort difficile à diriger, ne suivait pas le traitement aussi régulièrement que sa petite sœur. On fut souvent obligé de le sortir quelques minutes de la chambre pour calmer ses cris, provoqués par une chose ou l'autre.

Chez ces deux enfants l'appétit, les forces et la bonne

mine revinrent rapidement. La coqueluche n'eut chez eux aucune queue catarrhale.

Les parents soumis eux-mêmes aux émanations pendant la nuit n'éprouvèrent aucun malaise et la dépense totale pour un peu moins de 9 jours du traitement, finissant le 14 novembre à midi, fut de deux litres et demi d'eau oxygénée, représentant, au prix de la droguerie, une valeur de 3 fr. 75 centimes, litres déduits.

OBSERVATION X

Le vendredi 3 novembre 1899, le jeune Louis Lel..., âgé de 17 mois, demeurant à la Chapelle-d'Armentières, fut pris subitement d'un fort accès fébrile (40 degrès), accompagné de violentes convulsions. Ces dernières furent momentanément apaisées par les moyens ordinaires.

Cet enfant faisait des canines et chez lui chaque évolution dentaire s'accompagnait régulièrement d'une ascension thermique et d'un peu de catarrhe bronchique. La fièvre et la légère toux qui le tourmentait furent mises à l'actif de la dentition. Il n'avait pas d'ailleurs d'autres antécédents pathologiques.

Le dimanche 5 novembre, ce bébé eut, coup sur coup, deux nouvelles convulsions. La température un peu abaissée la veille, était de nouveau montée à 40 degrès. Deux jours après la fièvre avait complètement disparu, mais le petit malade toussait toujours.

Le jeudi 16 novembre, il eut sa première quinte. Il prit à partir de ce jour-là jusqu'au 24 novembre par 24 heures XIV gouttes, en 6 doses, du mélange des trois teintures d'aconit, de belladone et de drosera.

La coqueluche était bien réelle. Elle s'était communiquée par contagion de voisinage. Dans la maison d'à-côté, en effet, deux jeunes enfants en souffraient depuis les premiers jours d'octobre. Notre malade, affaibli par les accidents de dentition, s'était trouvé dans des conditions favorables pour être contaminé, probablement à la date du 7 novembre.

Comme intensité, le cas présent eut une analogie presque complète avec ces deux-là, qui furent soignés par les moyens habituels ; ils eurent une durée totale de 8 semaines.

Le traitement fut commencé le lundi 20 novembre, au moyen du pulvérisateur lançant en deux minutes 75 grammes d'eau oxygénée à 12 volumes sans addition d'eau ordinaire sur un vaste torchon suspendu au travers de l'appartement. On aérait une demi-heure deux fois pendant la journée. La nuit on séjournait aussi et sans discontinuer dans la même salle.

On comptait :

19 novembre (veille du traitement)		14 quintes.
20	—	 12	—
21	—	 11	—
22	—	 14	—
23	—	 12	—

Ce jour-là, la figure était blême et extrêmement bouffie. Devant l'échec relatif de la méthode, j'ordonnais, à partir du lendemain, une pulvérisation toutes les quatre heures avec deux linges mouillés alternativement et restant suspendus l'un à côté de l'autre, car souvent après six heures, à cause de la température peu élevée et de l'humidité de l'air, ils étaient encore humides.

24 novembre	. . . .	8 quintes.
25 —	. . . .	6 —
26 —	. . . .	5 —
27 —	. . . .	4 —
28 —	. . . .	3 —
29 —	. . . .	2 —

Le lendemain, l'enfant était complètement guéri et il n'y eut pas de troisième période de toux à la fois grasse et un peu spasmodique.

Ici aussi l'appétit, la gaieté et la bonne mine revinrent comme par enchantement.

Cette observation a ceci de particulier qu'elle débute par un insuccès presque complet.

Il a fallu forcer la dose d'eau oxygénée pour arriver à quelque chose. Je crois que l'explication du phénomène se trouve dans les conditions défectueuses où je fus obligé de fonctionner.

L'enfant fut mis jour et nuit dans une salle spacieuse, il est vrai, puisqu'elle cubait 58 mètres cubes, meubles déduits, mais elle était extrêmement humide et elle prenait jour par une petite ouverture sur une petite cour, entourée de hautes murailles. C'était là en un mot un séjour presque permanent dans un infect taudis, où de nombreux microbes devaient exalter leur virulence, y compris certainement celui de la coqueluche.

C'est, à notre avis, avec infiniment de sagesse que Le Gendre (1) conseille dans ses prescriptions hygiéniques de cette maladie, le choix d'une chambre bien éclairée et bien ventilée et le changement de chambre fréquent, une pièce pour le jour et une pour la nuit, autant que

---

(1) Le Gendre. — Traité de Médecine de MM. Charcot et Bouchaut, 1892, tome IV, page 282.

possible. Nous reviendrons, du reste, plus loin sur cette question.

OBSERVATIONS XI ET XII

On vint me consulter, le 2 décembre 1899, avec la jeune Léonie D..., âgée de 3 ans 1/2.

Cette enfant, jusqu'alors bien portante, était atteinte d'une forte fièvre (40°) avec sensibilité au niveau de la rate. Elle accusait, en outre, à la tête des douleurs assez vives, localisées au front et aux yeux. Elle avait le facies grippé. Elle était certainement atteinte d'une forte crise d'influenza, alors très fréquente dans son quartier. Les phénomènes thoraciques étaient insignifiants.

Cette enfant avait en outre la coqueluche, dont la première période avait débuté le 19 du mois précédent.

Sa dernière affection, qui datait de la veille, en dépit de sa poussée fébrile et contrairement à l'adage *febris spasmos solvit*, n'avait nullement atténué les crises spasmodiques, puisque, selon l'expression de sa mère, elle avait eu la veille une quinte, tellement prolongée, « qu'on avait cru la voir partir. »

La grippe dans toutes ses formes s'accompagne d'un processus inflammatoire du côté du pharynx et des amygdales, la coqueluche est avant tout une trachéo-laryngite. Il découle de là que l'éclosion de la première ne peut par irritation de voisinage qu'augmenter les phénomènes réflexes de l'autre.

Cette attaque d'influenza, à forme plutôt nerveuse, n'eut ni durée ni gravité. Deux jours après, avec quelques doses de quinine, la fièvre avait disparu ainsi que la céphalalgie.

La coqueluche, elle, n'en continuait pas moins. A partir

du 5 décembre, on fit prendre 18 gouttes par jour en six doses du mélange habituel des trois teintures.

Cette enfant avait, le 6 décembre, 11 quintes ; le traitement fut inauguré le lendemain. On employa l'eau oxygénée à 12 volumes et on commença par quatre pulvérisations par jour, de 75 grammes l'une, dans des conditions déplorables. La malade et son frère, dont il sera question plus loin, séjournaient, ainsi que leurs parents, dans une unique salle, cubant net 43 mètres.

A cause du froid, très vif alors, il fallait faire du feu jour et nuit et l'on n'avait, dans ce pauvre logis, qu'un seul foyer dans l'unique salle du rez-de-chaussée. C'était un poêle qui servait aussi à préparer les aliments. L'aération était absolument insuffisante.

> 7 décembre 1899............... 8 quintes

contre 11 la veille.

> 8 décembre 1899............... 7 quintes
> 9 — — .... 6 —

Les quintes sont moins pénibles ; l'enfant ne vomit plus de mucosités glaireuses.

> 10 décembre 1899.............. 5 quintes

A partir d'aujourd'hui, midi, on fait une pulvérisation toutes les quatre heures.

> 11 décembre 1899.............. 5 quintes
> 12 — — .... 4 —
> 13 — — .... 4 —

La petite fille ne fait plus le coq.

> 14 décembre 1899............. 3 quintes minimes
> 15 — — .... 3 — —
> 16 — — .... 1 — insignifiante.

Le 17 décembre la petite tousse encore une fois bien gras, selon le terme usité par sa mère.

Eugène D..., élevé au biberon et peu vigoureux, eut une première toux révélatrice le 3 décembre. La période de début n'avait duré que peu de temps, six jours en tout.

Ce jeune enfant eut des quintes assez peu fréquentes mais très violentes. Il avait jusqu'à cinq reprises avant d'arriver au sifflement inspiratoire final. Le pourtour des yeux et le milieu du visage devenaient alors cramoisis et il faisait réellement peine à voir.

Il est certain que, si on n'avait pas remédié rapidement à son état, cet enfant n'aurait pas tardé à succomber. La coqueluche, au-dessous d'un an, donne du reste une mortalité très forte.

C'est ainsi qu'à Paris, en 1889, cette maladie fit 520 victimes, sur lesquelles on comptait 220 enfants de moins d'un an (1) et celle-ci est d'autant plus élevée qu'on se rapproche de la naissance.

Comme sa sœur, on le mit, dès le 5 décembre, au mélange de belladone, d'aconit et de drosera..Il prit jusqu'à sa guérison 9 gouttes par jour de cette préparation.

Le 6 décembre, veille du traitement par l'eau oxygénée qui commença en même temps aussi pour sa sœur, il eut 7 quintes.

Il était alors, remarquons-le bien, au 3e jour de ses quintes : Celles-ci d'ordinaire vont *crescendo* pendant huit jours. On essayait donc de tuer le mal dans sa racine.

Le 7 décembre, le petit eut....	7 quintes.
Le 8 — —	6 —
Le 9 — —	7 —

(1) Combry. *Loc. cit.* Page 102.

Aujourd'hui, les quintes ne comptent que trois reprises au lieu de cinq.

Le 10 décembre, le petit eut....   7 quintes.

On mangeait, quand je suis arrivé, vers midi, des pommes de terre frites. L'odeur de friture venait d'occasionner en un quart d'heure deux quintes.

Les pulvérisations, à partir de maintenant, se feront de 4 heures en 4 heures.

Le 11 décembre, le petit eut....		6	quintes.
Le 12 —	—	5	—
Le 13 —	—	4	—
Le 14 —	—	4	—

Le petit n'a plus, à chaque quinte, le cri du coq.

Le 15 décembre, le petit eut.   3 quintes minimes.

Le sifflement inspiratoire a disparu.

Le 16 décembre, le petit eut.   2 quintes minimes.
Le 17 — — . 2 — —

Le 18 décembre, tout est fini. L'enfant est redevenu presque comme avant et, bien que vivant dans des conditions hygiéniques défectueuses, il a retrouvé son appétit et sa gaieté d'autrefois. Il n'a pour ainsi dire pas eu de convalescence.

Le traitement a donné, au début, pendant 5 jours, un plateau quasi uniforme, correspondant à la durée ordinaire de la période ascendante des quintes. Ici, ne pas reculer veut dire avancer. Puis, à partir du 4e jour, atténuation dans le symptôme pathologique, et ensuite, sa diminution progressive et rapide.

Si j'avais pu soigner cet enfant dans les appartements

spacieux d'une riche maison bourgeoise, sa guérison aurait certainement eu une marche autrement marquée.

OBSERVATION XIII

Quand je fus appelé, le 28 décembre 1899, auprès du jeune Raymond B..., âgé de 3 ans et 9 mois, il toussait depuis une quinzaine de jours, et il y avait huit jours que la coqueluche s'était clairement révélée.

Cet enfant, extraordinairement vigoureux, avait eu une petite convulsion, au moment de l'éclosion d'une canine. C'était là tout son passé maladif. Il ne présentait aucune complication thoracique. Il avait un peu maigri et il mangeait moins.

Ayant affaire dans le cas présent à un excellent sujet, je n'hésitai pas à me priver des antispasmodiques et on n'employa pas la triple teinture usitée d'habitude. L'enfant n'eut comme traitement que les émanations d'eau oxygénée.

On versa toutes les quatre heures, avec un double-centilitre en étain, quatre-vingts centimètres cubes de ce produit à 12 volumes sur un vulgaire linge de toile, plié en huit et placé dans une assiette creuse, de façon à ne rien perdre. On suspendait ensuite ce chiffon sur une corde traversant l'appartement.

Au bout de quatre heures, tout le liquide était habituellement évaporé. Pour plus de sureté, on avait établi un jeu de deux linges qui restaient accrochés l'un à côté de l'autre et qu'on humectait alternativement.

A cause du froid extrêmement rigoureux qui régnait en ce moment, on dut mettre l'enfant jour et nuit, sans aucune aération intermittente, dans la seule pièce de la maison possédant un poêle. C'était la vaste cuisine d'une petite ferme entourée d'eau et située près de la Lys.

Cette pièce, mal éclairée par une petite fenêtre, mesurait 47 mètres cubes. Elle était assez humide et on y préparait les repas de la famille. Trois personnes y séjournaient aussi la plupart du temps.

Malgré ces conditions bien défectueuses, le résultat de notre médication fut des plus satisfaisants.

Le 28 décembre 1899, l'enfant eut trente-neuf quintes. Le traitement fut commencé le 29 décembre, à quatre heures du soir. Ce jour-là le chiffre tomba à trente-quatre quintes.

       30 décembre 1899 on eut ...... 25 quintes.
       31   —   —   —   18   —
       1er janvier 1900   —   19   —
       2   —   —   —   18   —

Aujourd'hui la figure n'est plus aussi bouffie. Il n'y a pas lieu de s'étonner de voir la toux rester, pour ainsi dire stationnaire, durant ces trois jours.

L'enfant ayant reçu ses étrennes, s'énerva beaucoup, ce qui est toujours nuisible. Il y eut en outre un va-et-vient dans l'unique appartement alors habité, à cause des visites de l'an. La porte fut très souvent ouverte et l'air de la place trop souvent changé.

       3 janvier 1900 on compte .... 17 quintes.
       4   —   —   —   15   —

L'enfant ne fait plus le coq, à chaque attaque de toux.

       5 janvier 1900 il tousse .... 12 fois.
       6   —   —   —   12   —

Le bruit inspiratoire disparut complètement. La coqueluche entre dans sa troisième période.

7 janvier 1900 il tousse............ 9 fois.

L'appétit revient sensiblement.

8 janvier 1900 il tousse........... 8 fois.
9   —   —   —   .... 8 —
10   —   —   —   .... 7 —

La toux diminue d'intensité.

11 janvier 1900 il tousse............ 7 fois
12   —   —   —   .... 3 —

On arrête le traitement à la fin de la journée, car la toux est réellement devenue insignifiante ; c'est une petite éructation gutturale et rien de plus.

L'enfant est redevenu à son état normal. Il mange très bien et il est fort gai.

En un mois tout a été fini. On peut toujours considérer une coqueluche battant ses 39 quintes après huit jours de période spasmodique, comme devant avoir, avec la thérapeutique habituelle, une durée de dix semaines environ.

IV.

Pour bien apprécier l'efficacité de ce nouveau traitement de la coqueluche, il est nécessaire d'avoir une notion exacte et précise sur la durée de cette maladie. Ici, les avis sont bien partagés. D'après le professeur Dieulafoy, elle serait de six à huit semaines. Le Gendre la fait osciller de quelques semaines à plusieurs mois. Selon West, elle ne compterait pas moins de six semaines.

A Armentières, où la coqueluche, nous l'avons vu, a d'ordinaire une allure violente, il existe chez les femmes du peuple un dicton tout empreint de scepticisme vis-à-vis de la thérapeutique : « *On a beau faire, dans la coqueluche c'est trois mois de misère pour les enfants et pour les parents.* » J'ai fait une sérieuse enquête pour élucider cette question, en n'y comprenant pas les treize cas, cités dans cet opuscule.

Presque toujours, la durée de cette maladie est proportionnelle à son intensité.

Je crois qu'il y a lieu, dans l'espèce, de diviser les cas de coqueluche en 6 catégories, correspondant au chiffre maximum des quintes, au moment où sa deuxième période se trouve à son apogée.

1re catégorie. — Plus de 40 quintes par jour — 12 semaines.

2e catégorie. — De 30 à 40 quintes par jour. — 10 semaines.

3ᵐᵉ catégorie. — De 20 à 30 quintes par jour. — 8 semaines.

4ᵐᵉ catégorie. — De 15 à 20 quintes par jour. — 6 semaines.

5ᵐᵉ catégorie. — De 5 à 15 quintes par jour. — 5 semaines.

6ᵐᵉ catégorie. — Au-dessous de 5 quintes par jour. — 3 semaines.

Tous nos cas ne furent pas traités par l'eau oxygénée, alors que la maladie était arrivée à son complet épanouissement. Beaucoup le furent avant cela, et même l'un d'eux relaté dans le numéro VIII, ne fut entrepris qu'au bout de deux mois, quand le nombre de quintes diminuait déjà. Il ne comptait alors que 19 quintes en vingt-quatre heures. Nous le mettrons de côté et nous allons encadrer tous les autres dans ces six catégories, en rappelant que les quintes furent simplement comptées la veille du début des évaporations, sauf le cas Nᵒ II.

Ce tableau est des plus cuncluants.

1ʳᵉ catégorie. — Plus de 40 quintes par jour.

Nᵒ II. — 45 quintes. — Six semaines.

Nᵒ VI. — 45 quintes. — Trois semaines.

Au lieu d'une durée de douze semaines.

2ᵉ catégorie. — De 30 à 40 quintes par jour.

Nᵒ VII. — 32 quintes — cinq semaines.

Nᵒ XIII. — 39 quintes — quatre semaines et quatre jours.

Au lieu d'une durée de dix semaines.

3ᵉ catégorie. — De 20 à 30 quintes par jour,

Nᵒ I. — 22 quintes — six semaines et trois jours.

Nᵒ III. — 24 quintes — quatre semaines et quatre jours.

N° V. — 24 quintes — trois semaines et un jour.

Au lieu de huit semaines.

4e catégorie. — De 15 à 20 quintes.

N° IX. — 16 quintes — quatre semaines et quatre jours.

Au lieu de six semaines.

5e catégorie. — De 5 à 15 quintes.

N° IV. — 14 quintes — quatre semaines et quatre jours.

N° X. — 14 quintes — trois semaines et un jour.

N° XI. — 11 quintes — quatre semaines.

N° XII. — 7 quintes — trois semaines et deux jours.

Au lieu de cinq semaines.

Il n'y a aucun cas à faire figurer dans la 6e et dernière catégorie.

Considérons maintenant dans chaque cas ce que donne, comme diminution du nombre des quintes, sur la veille du traitement et en pourcentage, six jours de ce dernier.

Le sixième jour, nous avons une diminution de :

29	pour 100......................	N° XII.
32	—	N° II.
45	—	N° VII.
50	—, ...	N° IV.
55	—	N° I.
57	—	N° XIII.
58	—	N° X.
63	—	N° V.
64	—	N° XI.
75	—	N° III.
89	—	N° VI.
90	—	N° VIII.
100	—	N° IX.

Soit une moyenne de 62 pour 100.

Aucun cas ne fut suivi de mort et tous furent exempts de complications pulmonaires.

Celles-ci, toutefois, ne seraient pas une contre-indication à l'emploi de cette méthode.

Il y a entre ces treize cas et l'emploi chirurgical de ce médicament à l'état liquide dans les milieux septiques une analogie complète.

A ce propos M. Just Lucas-Championnière a bien mis en relief la rapide atténuation des accidents suppuratifs, suivie d'un arrêt complet. Ici, nous avons la diminution extraordinaire des quintes, qui ne servent qu'à rejeter les détritus pathologiques propres à la coqueluche et leur disparition à brève échéance.

Dans les deux modes d'emploi de l'eau oxygénée, on ne rencontre également pas de retour offensif des phénomènes morbides, en cas d'arrêt de la médication.

Il y a encore une autre similitude qui, dans le cas présent, a une importance primordiale, c'est le retour rapide de l'appétit.

L'éminent chirurgien de l'Hôtel-Dieu, en lavant largement de vastes cratères traumatiques, l'a très justement remarqué. Ici nécessairement, il devait y avoir absorption par l'organisme d'une certaine quantité d'eau oxygénée. Je l'ai constaté sur moi-même dans mon expérimentation, au sujet de l'inocuité de ce produit en évaporation.

Après avoir passé une nuit dans une atmosphère sursaturée de ce liquide, j'étais, le lendemain, travaillé, contre mon habitude, par une faim atroce. On aurait dit que je venais de faire une excursion à la campagne, dans un air pur et vivifiant.

Dans toutes mes observations, le retour de l'appétit se fit vivement, et conséquemment la convalescence se trouva fort écourtée.

En somme, cette action spéciale sur l'organisme s'explique facilement : Nous avons affaire ici à un liquide, qui est à la fois un antiseptique puissant et le plus énergique des oxydants.

Ce peroxydant de toutes choses doit nécessairement être un excitant puissant de la nutrition. Il agit donc sur l'organisme comme un coup de chalumeau sur une flamme.

C'est, dans la coqueluche, une ressource bien utile ; cette dernière, en effet, a la propriété presque exclusive des convalescences aussi longues que lamentables, finissant même parfois par la cachexie.

Cette difficulté de se remettre chez certains sujets est, selon moi, beaucoup plus que la maladie elle-même la cause prédisposante à la tuberculose que tous les auteurs admettent comme étant une suite fréquente de la coqueluche principalement pour les enfants menacés déjà par une hérédité suspecte.

Nos treize cas, il faut le reconnaître, ne donnèrent pas tous des résultats aussi satisfaisants les uns que les autres.

La cause en est d'abord dans l'extrême timidité et dans la grande prudence de nos premières expérimentations, où on ne fit usage que d'un produit mêlé d'autant d'eau et dans la proportion de 300 grammes en 24 heures en quatre évaporations.

Il nous fallut aussi opérer dans des milieux bien divers et souvent très défectueux, où un médecin d'un centre industriel est chaque jour appelé à dépenser son activité.

L'idéal du système le voici : Il faut deux salles cubant de 60 à 75 mètres, une pour le jour, une pour la nuit.

La coqueluche aime une atmosphère pure et souvent renouvelée. D'autre part, l'eau oxygénée, évaporée dans un air vicié et confiné, oxyde en pure perte dans cette ambiance toutes espèces d'émanations et de microbes ;

elle arrive ainsi très anémiée dans les voies respiratoires.

Le produit doit-être à 12 volumes, conservé dans des litres et non dans des touries. Il faut l'employer sans aucun mélange d'eau, en en versant avec une petite mesure d'étain ou de verre, alternativement 80 grammes, toutes les quatre heures, sur deux linges de vieille toile blanchie d'un mètre carré de surface, pliés en plusieurs doubles et placés dans une assiette bien creuse, pour ne rien perdre du liquide.

Une toile neuve ou un tissu en couleur seraient travaillés par le produit, au détriment de son activité.

Il faut placer ces deux linges autant que possible sur une corde traversant l'appartement dans son milieu.

Comme adjuvant inoffensif et toujours calmant, il est permis d'employer le mélange suivant :

Teinture de drosera........... 2 grammes
— de belladone......... 3 —
— d'aconit.............. 4 —

A la dose de 90 gouttes par jour pour un adulte, avec une échelle descendante selon l'âge.

A ce propos, remarquons bien que dans toutes les observations où l'on s'est servi de ce médicament, il fut toujours commencé bien avant les évaporations, de façon à rendre tout-à-fait distincte l'action spéciale de ces dernières.

Dans de telles conditions, il m'est permis d'affirmer, sans témérité comme sans présomption, que n'importe quel cas de coqueluche peut être jugulé au bout de huit jours de traitement, quel que soit le moment de cette maladie où cette thérapeutique lui est appliquée.

Deux enfants peuvent subir ensemble cette médication.

Il n'y aura pour le patient danger d'aucune sorte et pour l'entourage aucune gêne, puisque l'eau oxygénée ne répand qu'une odeur très légèrement empyreumatique et à peine sensible.

Dans les classes populaires, dont les nombreuses familles sont souvent ravagées par ce fléau, on trouvera encore un avantage dans cette méthode de traitement. C'est son bon marché relatif.

Outre la teinture composée, il faudra cinq à six mauvais chiffons, qui tomberont vite en lambeaux sous l'influence du médicament, et quatre litres de ce dernier. Les pharmaciens le vendent d'ordinaire deux francs le litre, verre déduit : cela fera en tout, calmant compris, dix francs environ, pouvant guérir à l'occasion deux enfants en huit jours.

C'est relativement peu à côté de certains budgets d'ouvriers que j'ai vus, bien des fois, obérés pour longtemps, à la suite d'une lamentable coqueluche de trois mois.